Moriel Junior Ndjoko Kouam

LE MISERABLE MOUTON NOIR

Moriel Junior Ndjoko Kouam

LE MISERABLE MOUTON NOIR

Éditions Muse

Imprint
Any brand names and product names mentioned in this book are subject to trademark, brand or patent protection and are trademarks or registered trademarks of their respective holders. The use of brand names, product names, common names, trade names, product descriptions etc. even without a particular marking in this work is in no way to be construed to mean that such names may be regarded as unrestricted in respect of trademark and brand protection legislation and could thus be used by anyone.

Cover image: www.ingimage.com

Publisher:
Éditions Muse
is a trademark of
Dodo Books Indian Ocean Ltd. and OmniScriptum S.R.L publishing group

120 High Road, East Finchley, London, N2 9ED, United Kingdom
Str. Armeneasca 28/1, office 1, Chisinau MD-2012, Republic of Moldova, Europe
Printed at: see last page
ISBN: 978-620-7-81398-8

LE MISERABLE MOUTON NOIR

Écrit par MORIEL JUNIOR NDJOKO KOUAM

Orphelin de mère, un petit garçon noir se retrouve seul dans un monde où sa couleur de peau devient barrière à l'amour. Ballotté de foyer en foyer, il subit rejet et cruauté cherchant désespérément un endroit où il pourrait enfin être aimé. son père biologique, un homme blanc qui ne l ' a jamais vraiment voulu, fini par le récupérer à contre cœur. Malgré cette présence paternelle, le garçon grandit sans véritable amour, dans un foyer où il ne se sent jamais à sa place. Accusé à tort de viol à l ' adolescence, il est renier par son père qui n'a jamais qui n'a jamais eu foi en lui. Livré à lui même, seul dans un monde cruel et injuste, il est violemment agressé et tué lors d ' une agression raciste. Le Misérable Mouton Noir est une histoire déchirante sur la solitude, le racisme, l'injustice et le rejet, dans un monde qui refuse d ' accepter ceux qui sont différents.

Mundo Williams Norris

Tina Williams

Ederson Norris

Jeannette Selma Norris

Iris Norris

Bakola Tatchondja Nbgwah

D'aussi loin que je me souvienne, a l'âge de 6 ans ma mère que j'aimais tant tomba malade et décéda peu de temps après. La seule famille que j' avais n'était plus de ce mon , celle qui me disait tout le temps que j ' étais son monde au point de m ' appeler Mundo, monde en espagnol m'avait laissé pour un voyage sans retour. J ' étais seul. Les services de protection de l'enfance mon par la suite transmis dans une famille d'accueil. Pas plus d'une semaine ne c'était écoulé qu'on m'envoyait déjà dans une autres. À cause de ma couleur de peau une peau je faisais tache comme un mouton noir dans un troupeau de mouton blanc. En ce temps là les familles d'accueil noir étaient très rares, alors je ne passais jamais plus de deux semaines dans une famille blanche sous prétexte que je nuisait au bon développement social des autre .

Après quelques mois on m'a annoncé après une enquête mon père avait été retrouvé qu ' il allait passer me prendre. Enfin j'avais un père. Une partie de moi était fière d'avoir un père et de ne plus être traité de « batar » et l'autre se demandait si lui était prêt à avoir un fils. Il m ' annonça sans aucune émotion qu ' il était mon père et que, à partir de maintenant nous allions vivre ensemble. Ceci fut le début d'un cauchemar dont j'ai toujours voulu me réveiller.

Dès mon arrivée en Californie dans la ville de Los Angeles j'ai immédiatement compris que j'étais dans un autres monde. Moi qui était originaire du Montana, j'étais comme un nouveau né dans cette ville . Sur le chemin de la nouvelle maison où je devais désormais vivre, mon père m'expliquas qu'il était marié et avait trois enfants , une fille plus grande qui avait déjà 16 ans et s'appelait Iris. Le deuxième de 4 ans Arold et la dernière Sandra qui n' était qu'un bébé de 15 mois. Il insistait sur le fait que je devais bien me comporter avec eux surtout avec sa femme Jeannette. De ce que j'ai retenu de ses explications c'était qu'il avait eu une relation adultère avec ma mère et ils m'ont eue, ma mère enceinte a découvert qu'il était marié et est parti avec moi, qu'il m'a toujours cherché. Tout petit je ne pouvais avec exactitude estimé la fortune de mon père mais il était plus tôt riche et avait fait fortune dans la communication , et sa femme était dans l' immobilier. J'étais né d'une femme noir et d'un homme blanc, j'étais donc métis et j'allais vivre dans une famille de blanc en tant que membre. 2006 fut le début de ma nouvelle vie.

A mon arrivée je m' attendais à être mal accueilli mais c'était le contraire. Jeannette agissait comme si de rien n'était et Iris était plutôt fière d' avoir un nouveau petit frère. J'avais une chambre à moi tout seul et un ajout sur mon nom celui de mon père Norris. Je m' appelais désormais Mundo Williams Norris. J' ai été inscrit dans une école primaire des environs et je me sentais aimé mais tout au fond de moi ma mère me manquait beaucoup.

Cette sensation d'être aimé dans une famille c'est arrêter à l'âge de 10 ans surtout à la naissance du petit Owen. Ma vie a subitement changé je ne ressentais plus cette amour familiale qui existait entre nous. Mon père avait appelé un photographe pour prendre des photos de famille mais je n ' apparaissait sur aucune d ' elle, je me sentais mal alors pour montrer mon mécontentement je suis allé dans la chambre de mon père, j ' ai récupéré ses chemises préférées que j ' ai mis dans la machine à laver et remplacer le savon par le reste de peinture de couleur bleue de la chambre aménagée pour Owen. Évidemment il l ' on découvert et on immédiatement déduit que c ' était moi le coupable alors ce jour là je me suis pris des gifles à en avoir des maux de tête, me sermonna et dans un excès de colère il m ' insultât « espère de petit noir, nègre de ton espèce, de toute façon je m ' y attendais. Je prends soin de toi je te nourris je t ' habille, tu dors sous mon toit et c'est comme ça que tu me remercie? De toute façon à quoi m ' attendais je en ramenant une erreur de la nature dans ma maison ». Tout à coup je me suis mis à pleurer, j ' avais une sorte de boule dans la gorge en entendant mon père me parler ainsi. Ce jour là mon père avait pris une résolution. J ' allais désormais participer au tache ménagère et je devais travailler pour mériter le logement et ma nutrition dans cette maison.

Dans cette maison un rythme de vie s'y est installé: les deux domestiques devaient désormais débuter leur service à 7 heures et terminer à 17 heures. Et moi je devais les aider dans leur tâche. Chaque matin avant d'aller à l'école je devais laver la voiture de mon père et faire le petit déjeuner de mes frères et sœurs si je peux les considérer ainsi alors que je n ' avais que 10 ans. Iris déjà à l ' université pouvait le faire mais d'après ses dires elle n'avait pas le temps. J'ai appris la dur réalité de la vie à un jeune âge ce qui me forma pour la suite des événements. Mon père Ederson Norris se comportait avec moi comme un supérieur qui s ' adressait à un subalterne. À force Arold c'est mis à s'adresser à moi comme si c'était moi le petit frère, or c ' était le contraire, dès que je me plaignais Jeannette faisait mine de le réprimander et à force j' ai arrêté de lutter. Il m'envoyait comme si j'étais son homme a tout faire tandis que Iris essayait de me voiler les yeux en disant «mon petit frère chérie » s' il te plaît aide ta grande sœur. À partir de 17 heures j' étais le major d'homme de la maison.

Mon anniversaire n ' était jamais mentionné dans les discussions tandis que celui des autres étaient fêté chaque année en grande pompe, je n ' avais pas au vêtement de marque comme les autres soit disant que ça coutait trop chère. Si je ne finissais pas mon travail à temps où a la moindre erreur je me prenais des gifle ou des féssées. Chaque soir j 'avais envie de partir de cette maison mais je me posais la question chaque fois « c 'est pour aller où ? » je n 'avais pas d 'autres familles je ne connaissais que la route qui mène à l'école, mais je savais qu 'un jour je m 'en nierais de cette prison où j ' étais le prisonnier. Un vendredi après les classes je jouais avec Arold à la console qu ' on venait de lui acheter et j 'étais plus fort que lui au jeux de course de voiture. A force de perdre il m 'a traité de noir et de mendiant que je ne devais plus jamais jouer avec lui. Cela m 'affecta énormément car malgré la condition de vie qu 'était la mienne je le considérais comme mon petit frère et ce même frère me traitait de noir. J ' ai été profondément blessé et sur le coup des émotions j ' ai décider de quitter cette maison peut importe la destination je voulais juste m'en aller.

La nuit tombée je me suis faufilé et je suis entré dans la cuisine remplir mon cartable , j ' ai récupéré la console portable d ' Arold et je suis enfermé au grenier car je ne savais pas où aller. J'ai juste laissé un mot sur la table disant « je m'en vais ». Au petit matin quand mon père se mis en route pour le travail et se rendit compte que sa voiture n' était pas encore lavé il est devenu nerveux et c'est rendu dans ma chambre mais ne m'a pas trouvé. Il s' est mis à crier mon nom « Mundo sort de ta cachette et va laver ma voiture avant que je m'énerve », pour moi même si c'était Dieu qu'il m'appelait je ne pouvais descendre. Puis il on trouvé le mot sur la table et se sont mis à rigoler disant que je n'avais nulle part où aller, que ce qui était sur était que j' allais rentrer à la tombée de ma nuit. Mais je m'étais préparé car je n'avais qu'à descendre à minuit pour faire le plein de provisions. Cela faisait déjà trois jours et je me suis dit que je sortirais au moment où ils aller prévenir la police de ma disparition mais plus d'une semaine après pas de coup de fil à la police. Je les entendais dire que la maison était plus calme sans moi mais les mots qui on tué mon amour propre étaient ceux de Jeannette « il n'a qu'à mourir tout seul dans son coin comme sa chienne de mère ». Une fois de plus je me suis mis à pleurer, je n'avais que 10 ans , je pleurais sans cesse dans mon coin. J' ai compris à cet instant là que je ne comptais pour personne dans ce monde je voulais mourir mais un espoir c'est présenté et a sonné à la porte. C'était mon professeur titulaire de première année au collège Madame Kitting qui me considérait comme son meilleur élève, qui est venu pour prendre de mes nouvelles au vu de mes absences répétées, alors je me suis faufilé de nouveau et je suis allé l' attendre près de sa voiture dans l'espoir de repartir avec elle.

Je les ai observé de loin et j'ai remarqué que le ton est très vite monté elle a pris congé d'eux. Une fois arrivée à sa voiture elle a été surprise de me voir mais très contente . Elle m ' a amené chez elle ou j ' ai pris un bain et ensuite m ' a fait à manger, pendant que nous mangions je lui est raconté ce que je vivait dans cette maison. J ' ai senti dans son regard qu ' elle voulait m ' aider mais elle ne pouvait rien car elle n ' était qu ' une enseignante dans un collège du quartier et mon père un homme or mis son travail à l ' armée était l ' héritier d ' une grande entreprise et était influent avec des moyens. J ' ai donc compris que pour ne pas nuire à mon professeur que je devais rentrer, alors elle m ' a ramené promettant de ne pas dire à mes parents où j' étais. Mais avant ça j ' ai demandé si elle pouvait d' abord m ' emmener manger une glace car je n ' en avais pas les droits à la maison, parce que d ' après leur dire les noirs ne mange pas de glace plus tôt des légumes. Elle m ' a donc amené chez le glacier à l' angle de la 7ème et c ' est à ce moment là que j ' ai laissé échappé un sourire, moi qui ne souriait jamais, c ' était la première fois depuis de longtemps que je me sentais bien et heureux.

Sur le chemin du retour je me suis préparé

mentalement pour ce qui allait se passer à la maison, un déchaînement de colère c'est abattu sur moi mais pour moi comme tout les jours mais juste avec plus de volume. Je repensais à la journée que je venais de passer avec madame Kitting et c'est la que j'ai décider que plus tard je voulais être professeur pour pouvoir aider ceux qui souffrent en silence comme moi. Je rêvais d'être plus grand et de réaliser mon rêve. Mais je ne m'attendais pas à la riposte qui allait suivre.

Dès mon retour à l'école le lundi qui a suivi je me suis rendu compte que Madame Kitting n'était plus le professeur principal de notre classe car mon père c'était plein de l'attitude de madame Kitting à l'administration de l'établissement sur le fondement qu'elle avait une mauvaise influence sur moi et qu'elle m'avait poussé à faire une fugue. Elle avait été remplacé par Monsieur Fudic professeur de mathématiques et j'étais sur que mon père y était pour quelques chose. Depuis ce jour tout mes autres professeurs avaient l'habitude de me donner énormément de devoirs sur la demande de mon père.

L ' excuse qu ' il leur a fourni étaient que j ' étais promis à une avenir prometteur, que j'allais hériter d' une grande entreprise et alors je devais donc me préparer dès mon bas âge.
Toute ma première année a été si intense que je n' arrivais plus a suivre le rythme et vers la fin d'année je suis tombé malade. Pendant une semaine de souffrance ou j'arrivais à peine à marcher, j'avais des vertiges et je n'avais plus d'appétit personne n'a pensé à appeler un docteur ou à m ' amener à l' hôpital . Un mercredi en rentrant de l'école je suis tombé sur un chien errant qui m'a pris pour cible, alors je me suis mis à courir mais sans énergie et avec la maladie je n'ai pas pu aller loin et je suis tombé et le chien s'est jeté sur moi mais je me suis rendu compte qu'il avait faim car il s'acharnait sur mon cartable et visait mon sandwich que je n'avais pas pu avaler. Le chien s ' est enfui avec mon cartable et en voulant le rattraper je me suis évanouie. Je me suis réveillé à l ' hôpital et je ne comprenais pas ce qui s'était passé. Le médecin m'a alors raconté qu'un passant m'a trouvé allongé par

terre et m'a amené à l'hôpital mais s'en est allé juste après. Sans aucun document pour m'identifier il on dû attendre que je me réveille. Il m ' ont demandé mon nom et celui de mes parents ainsi que leur adresse où les joindre. J ' ai donné celui de madame Kitting et elle est arrivée dans la demi-heure qui a suivi. Inquiète pour moi elle n'a pas eu d'autres choix que d'appeler mes parents. Je rentrais vers 3 heures du soir et j'avais dormi sous perfusion environ trois heures, il était donc environ 18 heures c'était ce que je me disais mais quand j'ai demandé l'heure il était 22 heures je n'avais pas compris se qui c'était passé.

Mes parents sont arrivés et Jeannette c'est mise à jouer la comédie en criant « merci seigneur nous qui étions si inquiet nous avons signalé ta disparition à la police mais il on dit qu ' on ne pouvait le faire qu'après 24 heures ». Ederson a ensuite demandé au docteur de quoi je souffrais et il a répondu que il n'y avait rien de grave juste un manque de sommeil et de surmenage. Le docteur a donc posé la question à savoir comment un enfant de 11 ans pouvait souffrir de manque de sommeil et de surmenage. Ederson a répondu que c'était moi seul le seul responsable que je voulais toujours travaillé plus que tout le monde comme si j'avais quelques choses à prouver. Mon père a demandé à madame Kitting ce qu'elle faisait là et avant qu'elle ne puisse répondre le docteur a répondu que quand il a demandé à joindre mes mes parents se sont les coordonnées de madame kitting que j'ai donné. Je pouvais voir la colère dans les yeux de mon père et je savais que cet acte ne resterai pas impuni. Nous sommes rentrés à la maison et au lieu de me crier dessus mon père n'a pas prononcer un mot. J'étais fier car je pensais que pour une fois mon père allait jouer son rôle de père, mais ce n ' était que temporaire car il ne m'avait donné qu'une semaine de répit car il estimait que c ' était le temps nécessaire pour me rétablir. Mon quotidien avait donc repris mais au fil du temps je m'y habituais.

A la fin de l'année j'ai été classé dans le top 10 des meilleurs élèves du collège, les devoirs incessants de mes professeurs portaient leurs fruits malgré moi et pour me féliciter Ederson à décider de m ' envoyer dans un camp de vacances dans le Colorado pendant qu'eux ils allaient en vacances à Hawaï. J'étais très en colère au point où ma colère pouvait se lire sur mon visage. Il m ' a fait comprendre qu'il ne pouvait pas paraître en public avec un enfant noir que cela nuirait à ses affaires. Dans ma tête je ne comprenais plus rien. J'étais son enfant mais je ne pouvais pas marcher à côté de lui parce que j'étais noir ? Donc en définitifs je partais en vacances de mon côté juste pour m'éloigner d' eux , ensuite à mon départ j ' ai entendu Jeannette dire qu'elle était fatiguée de vivre sous le même toi que moi , qu ' il fallait qu ' elle se repose. Iris m ' a promis de me ramener des cadeaux alors que Arnold lui se moquait de moi sans retenue.

En allant dans ce camp de vacances je me disais que même si ils sont partis à Hawaï , moi j ' allais être de mon côté sans pression et pour une fois que j ' allais profiter de leur absence. Mais j ' avais un pressentiment tout au fond de moi qui me demandait de ne pas prendre mes rêve pour des réalités. Il semblait que ce camp était divisé en deux promotions. Une promotions pour enfants qui venait apprendre le travail manuel et le vivre ensemble , et pour ne rien arranger du tout la majorité des enfants et moniteurs étaient des blancs. L ' autre promotion était pour des enfants têtu qui venait apprendre la politesse et l'autorité constituée en majeur partie par des noirs. J'ai une fois compris étant encore dans le bus qui nous y amenaient où j' allais être: la promotion des enfants têtu.

Cela ne faisait même pas deux semaines que nous avions commencé les activités que deux camps c ' était formés. Celui des enfants blancs et celui des enfants noirs. Depuis mon plus jeune âge j' ai toujours fait preuve d ' une intelligence remarquable alors je suis allé demander à un moniteur du camp pourquoi ils laissaient les autres enfants nous insulter de « singe » et que nous devrions retourné en Afrique. Et aussi pourquoi nous devions toujours nettoyer derrière eux après les activités alors que nous étions tous égaux. Il m'a répondu en criant de fermer ma bouche de noir et d' obéir car c ' était notre devoir d ' être inférieur de servir nos maîtres comme le faisait les esclaves dans le temps. En voulant me justifier j'ai répondu que l'esclavage avait été abolie et que nous étions tous égaux. Il n ' a pas perdu de temps pour me rappliquer que la vie est injuste et on a pas toujours ce que l'on veut et m'a amené dans une pièce à l' écart où j'étais fouetté deux fois par jour pendant une semaine pour m ' apprendre le respect de l ' autorité. Comme d'habitude je suis donc devenu l' ennemi numéro un, l ' homme à abattre dans le camps. Même les autres enfants noirs avaient peur de moi et m'évitait pour ne pas avoir de problème avec l'administration. Pour me punir on me faisait courir pendant des heures jusqu ' à en perdre le souffle , j'étais nourri qu'avec des restes.

Dans ce camp j'ai été maltraité physiquement et moralement, il on tenter de me détruire mentalement mais il n ' avait pas le niveau de ma famille. Dans ce camp j ' étais l ' exemple qui montrait aux autres enfants noirs qu'il ne fallait pas défier l'autorité et cela a fonctionné car les autres enfants obéissaient sans poser de question. La fin des vacances est arrivé et chacun rentrait dans son domicile. Arrivé à la maison j'ai pas perdu de temps et j ' ai posé la question à mon père de savoir pourquoi j ' avais été inscrit a la promotion pour enfants têtu, il a répondu qu'il y'avait dû avoir une erreur car il m'avait inscrit dans l'autre promotion. Il sont rentrés avec plein de souvenirs d' Hawaï et quand j'ai demandé à Iris ce qu'elle m'avait promis elle a répondu avoir oublié, mais cela ne m'étonnait guère. C ' était dans ses habitudes de faire des promesses qu'elle ne respecterait pas. Des fois j'en venais à croire qu ' elle le faisait à la demande de notre père dans le but de me torturer mentalement avec des cadeaux imaginaires. Une fois de plus j ' avais compris ma place dans cette famille.

Comme d ' habitude à l ' anniversaire de Jeannette qui avait lieu deux semaines avant la reprise des classes, sa mère Esther prenait toujours part au festivités. Je ne portais pas cette vieille dame dans mon cœur car elle avait l ' habitude de me rabaisser, m ' insulter , des fois j ' étais même battu quand nous étions seul à la maison et à chaque fois que je la dénonçais elle niait tout en bloc. Pour elle j' étais le fruit de l'infidélité de mon père. Elle passait son temps à dénigrer ma mère, qu ' elle l ' avait séduite pour son argent. Je priais pour que les cours puisse recommencer pour ne plus passer mes journées dans maison de raciste et d'immatures. Le jour de l ' anniversaire de Jeannette elle m ' a demandé de ne pas sortir de ma chambre car elle ne voulait pas répondre aux invités quand ils poseraient des questions à mon sujet que j'étais le fils de la maîtresse de son marie. Puis à la fin des festivités on venait me chercher pour aller débuter le ménage à 3 heures du matin. La fête passée il était temps pour Esther de rentrer chez elle, mais avant de partir elle avait laissé son empreinte et influencé Arnold et les autres en leurs racontant comment mes ancêtres étaient des esclaves , que nous étions au service des êtres supérieur qu'ils sont et qu'à partir de maintenant ils pouvaient me demander tout ce qu' ils voulaient parce que j'étais leur serviteur. Dans la mesure où je refusais de leurs obéir il n'avait qu'à l' appeler et elle viendrait me corriger.

En troisième année au collège Arnold était en première année mon père a décidé pour une raison que je ne m ' explique pas de nous mettre dans la même école. Arold avait a cet effet posé des conditions je ne devais pas lui adressé la parole, on ne devait pas arriver à l ' école ensemble et surtout personne ne devait savoir que nous avions le même père . J ' étais indifférent à ces conditions ridicules car pour moi l ' école était le seul endroit où je pouvais m ' évader de cette vie que je n ' enviais à personne. Le matin quand nous nous mettions en route pour l ' école j ' étais déposé à 150 mètres de l' école et je devais faire les reste du chemin à pied. Dans cette nouvelle école j ' avais décidé de m ' inscrire dans un club mais je ne savais pas lequel. C' est un jour quand un prof à lancé une blague en disant qu'il ne savait pas que les noir pouvaient être aussi intelligents qu ' il croyait qu ' ils n ' étaient bon qu'à faire de la lutte. J'ai donc décidé de m'inscrire dans le club de lutte du collège mais il on refusé en disant que c'était un club réservé aux blancs, qu'il n' allait pas accepter une tache comme moi. Alors je me suis inscrit au club de Judo car ce club n'avait pas de pensé raciste et prônait le vivre ensemble. Dans cet établissement qui était nouveau pour moi les activités extra scolaires étaient obligatoires et chacun élève devait faire partie d'un club ce qui poussa mon père à fermer les yeux sur le faite que je ne puisse plus rentrer tôt pour faire le ménage, je pouvais donc me concentrer pleinement au Judo qui pour moi n'était qu'un moyen de me défouler et évacuer ma colère. Plus je passais du temps plus je devenais plus fort mais je commençais petit à petit a me lacer car plus personne ne voulait s'entraîner avec moi, alors j'ai commencé à sécher les entraînements. A ma grande surprise j'avais été sélectionné pour le championnat de Judo de la région, quand j'ai annoncé la nouvelle à la maison ,ils se sont moqué de moi que c'était normal pour un noir d'être sélectionné dans ce genre d'activité ou la violence était représentée, que je devais prendre exemple sur Arold qui c'était inscrit au club d'informatique, que je devais apprendre à me servir de mon cerveau au lieu de mes muscle. Dans cette famille tout était sujet à des moquerie lorsque j'étais concerné, je n'en pouvais plus alors suis allé me coucher sans dire un mot. Pour moi je devais leur prouver que je pouvais être aussi fort qu' intelligent, alors le lendemain je me suis également inscrit au club d'informatique. Cela pour mon frère était un infâme humiliation car puisque j'étais son ainé académique il me devait le respect lorsque nous étions aux clubs mais cela il me le faisait payer à la maison. Il faisait exprès de salir la maison puisque c'est moi que l'on appelait pour nettoyer je n'avais plus une minute pour respirer . Entre Arold et Iris qui dans la vingtaine vivant encore chez ses parents et ce n'était pas par faute de moyens puisqu' elle étudiait la gestion et management des entreprises ou une filière du genre et travaillait à temps partiel mais avait les salaire d'un employé qui travaillait à temps plein. Elle avait le don pour me faire travailler tout en faisant comme elle ne pouvait pas le faire.

Un jour j'ai été dispensé de cours car il y'avait

les qualifications pour le tournoi de Judo alors je suis rentré pour prendre mes affaires et devant la porte j'ai surpris une discussion entre les parents et Iris qui envisageait de m'envoyer en pensionnat car je devenais déjà trop gênant jusqu'à aller m'inscrire dans le même club que mon frère cadet juste pour montrer que c'était moi le grand frère. A ce moment, pour la première fois depuis que j'étais arrivé dans cette maison, Iris m'avait défendu bec et ongles en insistant que « l'envoyer là-bas est une erreur , vous ne vous rendez pas compte qu'il se sent mis à l' écart premièrement, parce qu'il est le seul noir de la famille, deuxièmement parce que vous ne l'avez jamais traité comme votre fils, troisièmement parce que même si il porte le nom Norris comme nous tous dans cette famille vous l ' avez persécuté physiquement et mentalement depuis son arrivée alors si vous voulez l'envoyer dans un pensionnat ne demandez pas mon avis parce qu'il est négatif et si vous le faites préparer vous a en assumer les conséquences ». A ce moment là j'avais deux avis partagés. Soit elle ne voulait pas perdre son homme à tout faire, soit elle me défendait du fond du cœur. Je voulais en avoir le cœur net alors la nuit tombée je suis allé toqué à sa porte et elle m'a laissé entrer et j'ai ainsi posé la question qui me brulait les lèvres depuis l'après midi « je vous ai surpris toi et les parents vous disputer plus tôt dans la journée , pourquoi a tu pris ma défense ? ». Elle m'a répondu d'un calme réconfortant « tout simplement parce que tu es mon petit frère, c'est normal pour une sœur de défense son petit frère quand il n'est pas là . Je ne le fais pas souvent quand tu es là parce que tu es fort, je sais que tu peux encaisser », j'ai immédiatement posé comment elle pouvait savoir cela, et elle a répondu « je le vois dans tes yeux, tu es comme les deux faces d'une pièce, d'un côté une âme en peine et de l'autre une force incommensurablement, je me souviens à la fin des vacances à Hawaï je t'avais acheté des cadeaux mais papa les a jeté dès qu'il les a vu, et puis quand je t'ai revu à la fin des vacances tu avais changé. De tes yeux émanaient une détermination incommensurablement. Alors sache que pour moi tu es mon frère et je t'aime de la même manière que j' aime les autres. Chaque fois que je sentais que l'on allait te confier un travail trop pénible ou une commission je me pressais de t'envoyer la première. Donc à partir de maintenant tout ce que tu fais, fais le pour toi car tu n ' a rien à prouver au autres ». Cette soirée la j'ai compris que je n'étais pas seul, et que je pouvais enfin agir sans penser à l ' avis des autres. Le samedi qui a suivi était le dernier jour du championnat et j ' étais parmi les 16 judoka qualifié. Pour remporter la médaille d' or je devais remporter mes huit combats, je les remportais sans problème jusqu ' à la finale. Finale programmée à 18 heures. Au moment venu je me suis rendu compte que je ne recevais pas d ' encouragement des gradins mais avant de mettre pied sur le tatami j ' ai tout à coup suivi des encouragements venant d' Iris qui était au premier rang et c ' est mise à crier « fais de ton mieux ». A ce moment j ' ai laissé tout mes problèmes et mes angoisses hors du tatami. Malheureusement face à un adversaire plus imposant et pratiquant depuis son jeune enfance je n' ai pas fais long feu et j ’ai perdu. Je peux affirmer avec certitude que je me suis battu de toute mes forces. Cela était la pensée de mon cerveau mais mon cœur pensait autrement et je sentais des larmes couler et je m’efforçais de paraître fort pendant que Iris faisait tout son possible pour me consoler et me chuchotait à l’oreille de rester fort au moins jusqu’à la reprise des médailles. J’avais reçu la médaille d’ argent et juste après je suis rentré avec Iris . Arrivée à la maison comme d’habitude mon père me criait dessus en affirmant que je ne suis même pas capable de remporter une compétition ridicule et je me pointe à la maison avec un médaille d’argent la tête haute comme si je venait d’accomplir un exploit mémorable. Il parlait encore et encore mais je m ’ efforçais de ne pas rigoler car du coin de l ’ œil je voyais Iris me faire des grimaces à en mourir de rire. L ’année scolaire arrivant à sa fin je pouvais enfin quitter le collège. Je devais juste profiter des vacances et ensuite aller au lycée où je serai tout seul , pas de membre de ma famille dans le coin et vivre ma vie de lycéen. Tomber amoureux, avoir une petite amie, avoir mon diplôme et aller à l' université. Tel était mes projets pour l'avenir.

Pendant les vacances plus je devenais proche d'Iris plus ça agaçait les autres habitants de la famille. Notre père a alors demandé à Iris de prendre ses responsabilités et de ce trouver un appartement où elle allait désormais vivre, mais elle a décidé de suivre son fiancé petit ami en Europe où elle s'est marié plus tard. J'allais à nouveau me retrouver seul dans cette maison où je n'étais pas le bienvenu. En partant Iris voulais partir avec moi mais notre père a refusé car il avait des projets pour moi. Durant les vacances j'ai pris des cours de conduite à la demande d'Ederson car à partir de la rentrée prochaine c' est qui allait désormais emmener mes frères et sœurs dans les écoles respectives avant de me rendre à mon tour dans mon école. Je me disais juste que jouer au chauffeur pour ma famille n'allait pas entacher mes projets Car au moins j'allais avoir une voiture. J'allais dans un avenir proche me rendre ou je voulais et quand je le voulais et je n'avais qu'à obtenir mon permis de conduire. Une fois les cours terminé et l ' âge minimal atteint j'ai pu passer l'examen pour obtenir un permis de conduire et me la couler douce au lycée. Ederson a décidé de m'acheter une voiture, le connaissant je m'attendais à une antiquité, une très vieille et la plus moins chère et moche qu'il pouvait trouver il a ramené à la place un SUV Chevrolet bleu ressent probablement coûteux.

L'année scolaire ayant débuté comme à mon habitude je pensais que ce nouveau départ signifiait une renaissance . Je me levais très tôt pour déposer tout le monde à l'école et ensuite me rendre dans mon lycée, j'ai très vite constaté que le lycée était un autre monde comparé à celui du collège dès la première année en tant que noir dans un lycée privé , j ' attirais l ' attention comme un cheveux dans la soupe. Je me suis dit que tout le monde finirait par s' habitués à ma présence mais malheureusement non. Je me suis fait un camarade la deuxième semaine, cette amitié était destiné à naître car c ' était un homme de couleur tout comme moi . Dans cet établissement nous représentions 2% des élèves de tout l ' établissement. Personne ne voulait nous adresser la parole alors nous sommes devenus amis et nous avons fait connaissance. Il se prénommait Bakola Tatchondja Nbgwah , je me moquais souvent de son nom car je n ' arrivais pas à prononcer son nom comme les plus part des professeurs et élèves alors je l ' appelait tout simplement Bako . Il était originaire du Cameroun un pays d'Afrique centrale et me racontait souvent des histoires heureuse comme horribles de son pays. Grâce à une bourse d'études qu'offre le lycée il a pu venir en Amérique, mais vivait tout seul dans un petit studio pas plus grande qu'une cuisine qu'il payait grâce à des petits boulots qu'il exerçait après les cours. C'est en l'écoutant parler que j'ai compris que ma situation familiale n'était rien comparé à la sienne. Comme sa maison était sur mon chemin et que j'arrivais toujours en avance j'ai décidé de faire un arrêt chez lui pour le prendre puis qu'il est sur mon chemin. Je voulais l'aider le plus possible car c' était mon seul amie et je me sentais mal quand j ' observais son mode de vie.

Bako était très intelligent mais avait des difficultés à communiquer avec les autres car il n' avait pas l'habitude d'être discriminé du fait de sa couleur de peau. J'avais tellement la rage quand je voyais ce genre d'habitude car de vieux souvenirs remontaient à la surface et me rappelaient dans quel monde je vivais. Moi j'avais l'habitude mais Bako non. Dans son quartier peut recommandable il c'est fait enrôler dans un groupe qui se proclamait protecteur des noir , mais nous nous sommes rendu compte par la suite que ce n'était pas la vérité au moment où ils ont commencé à planifier des braquages, agressions et même kidnapping. Bako a alors décidé de quitter le groupe mais Pitho le chef du groupe a refusé sur motif que pour quitter le groupe il fallait verser un dédommagement d'une somme de vingt milles dollars au groupe. Bako étant dans l'incapacité de payer a refusé s'est fait tabassée. Il était gravement blessé et les passants on appelé la police et une ambulance, de fil en aiguille il c'est retrouvé à l'hôpital dans l'incapacité de payer la facture et m'a appelé à l'aide. Une fois sur les lieux j'ai réglé la facture avec une partie de mes économies et l'autre partie environnant la somme de milles dollars suis allé voir Pitho pour négocier et il a accepté de laisser Bako tranquil.

Malgré notre couleur de peau nous avons été invité par des aîné de terminale à une fête de bienvenue nous étions fiers que pour une fois nous n ' étions pas mis sur la touche. Alors avec Bako nous nous sommes rendu à cette soirée mais on s ' est vite rendu compte que nous étions exploité car c' était à nous de distribuer les boissons et autres. Alors suis allé voir Max l'organisateur de la soirée pour exprimer notre mécontentement, et comme si de rien n'était il nous a demandé à quoi nous nous attendions, que nous devions nous estimer heureux d'être présent à cette soirée et de se rendre utile. J'ai proposé à Bako de nous en aller mais les terminales nous on déshabiller et laisser juste nos sous vêtements et nous on jeter dans la piscine. Quand nous avons réclamé nos vêtements ils ont refusé de nous les donner et nous on mis à la porte. Nous étions dans la rue a vingt heures en sous vêtements.

Et c'est une résidente du quartier qui nous a jeté des draps pour nous couvrir. Ces draps que nous avions reçu je les ai lavé à la machine et avec Bako nous nous sommes rendus chez la dame pour les rendre et elle nous a répondu que nous pouvions les jeter à la poubelle qu'elle ne pouvait pas utiliser des draps qui avaient touché des noirs, qu ' à cause de notre couleur de peau nous les avions tinté de noir, qu'ils sont souillé et elle nous a chassé comme des mal propre en menaçant d ' appeler la police. A l ' établissement nous étions connus sous le nom des ' petits nudistes '. Vers la fin d ' année nous étions soumis à un devoir qui se faisait en binôme tiré au hasard. Je me suis retrouvé avec une fille du nom de Melanie qui est allé voir le professeur a la fin du cours pour réclamer à avoir un autres binôme, c ' était pareille pour le binôme de Bakola et le professeur a accepté. Je me suis donc retrouvé en binôme avec Bako.

Nous devions travailler sur cette exposé alors j ' ai invité Bako à la maison pour travailler et nous y sommes allé. Arriver à la maison Jeannette était déjà rentré, elle a demandé à Bako s'il voulait boire quelques choses et il a demandé un jus d' orange. Elle le lui a donné en insistant sur le fait qu' il pouvait garder la bouteille. Il a pris ça pour de la gentillesse mais moi je savais qu'el ne voulait juste pas boire le jus provenant d'une bouteille qu'un noir avait touché. Je le savais car même moi qui habitait dans cette maison je n'avais pas le droit de consommer un aliment du réfrigérateur. Vers dix huit heures une fois notre exposé terminé je suis allé laisser Bako chez lui et je suis rentré.

Au moment de présenté notre exposé nous devions passer les derniers, à notre tour nous avons présenté notre exposé que de loin était la meilleure prestation mais nous n'avons pas pu avoir plus de la moyenne. Une preuve de plus que peut importe le travail fourni nous ne pourrions jamais dépasser un blanc. Qu'il fallait travailler deux fois plus pour avoir deux fois moins. Elle était là la dure réalité de la vie , celle à laquelle nous faisions face chaque jours dès notre naissance en tant que noir.

La seconde année nous avons décidé de faire profil bas et de ne pas chercher de problème. Peut importe la soirée ou fête à laquelle nous étions invités nous avons décidé de ne jamais y aller. C' était la seule solution que nous avions trouvé après notre situation de la première année. Tout était calculé pour ne pas avoir à parler au autres. C'est ainsi que nous avons pu terminer l'année sans de gros problèmes ou humiliation.

En dernière année au lycéen me suis retrouvé de nouveau avec Arold mais cette fois si je n'avais plus à l'emmener à l'école ça notre père lui a acheté une Range Rover . Il avait la dégaine d' enfant gâté par ses parents et collait au profil des autres élèves. Pour ma par ma voiture était encore en bon état parce que je connaissais la valeur des choses je savais en prendre soin. Avec Arold nous avions conclu un pacte de non ingérences, chacun se mêlait de ses affaires et tout se qui se passait au lycée restait au lycée. Arold était un bleu dans ce grand lycée privé et a alors décidé de ce rendre à une fête de bienvenue organisée par les terminales.

Évidemment je n'étais pas invité alors Arold y est allé tout seul. À trois heures notre père m'a alors demandé d'aller chercher Arold j'ai répondu que je n'étais pas invité à cette fête et mon père comme d' habitude n'a rien voulu entendre. J'ai pris un taxi et suis allé à cette fête. Une fois sur les lieux même avec les lumières tamisée en tant que noir j'étais visible comme un comme une feu rouge. J'ai fait tout mon possible pour ne pas me faire remarquer mais Caleb l'organisateur de la fête qui avait une dent contre moi m'a demandé de partir si non il allait appeler la police. Deux de ses amis son venus en renfort comme si j'étais venu mettre le bazar. Je lui es demandé de me laisser passer, que je cherchais quelqu'un et il m'a répondu d'aller me faire foutre fils de pute. L'entendre insulter m'a défunte mère m'a mis hors de moi je lui ai donc demandé de laisser ma mère en dehors de nos histoires et il m'a donné un coup de point tout à coup un souvenir flou est revenu dans ma tête ou ma mère me disait « si quelqu'un te frappe, alors il est prêt à en assumer les conséquences alors tu te dois de répondre avec toute la puissance et les moyens dont tu disposes ». Je me suis alors défendu et je lui est mis une dérouillée mais face à trois personnes j'ai décidé de ne pas créer plus d'ennuis et je suis sorti. Suis allé m ' asseoir à côté de la voiture d'Arold et de l'attendre.

Deux minutes plus tard une fille plutôt mignonne est venu me parler et m'a demandé ce que je faisais assis là à quatre heures du matin comme un tueur attendant sa proie et m'a demandé de sourire un peu, j'ai répondu que c'était pas de ma faute si mon petit frère, abrutis de son espèce s'était rendu à une fête organisée par des terminales alors qu'il était en seconde et qu'à trois heures du matin il s'est attiré les foudre de notre père et c'est moi que l' on a envoyé récupérer ce petit con pour que mon père puisse le tué de ses propres mains, mais ne prends pas ça au sens propre. Tout à coup Arold, soûl c'est écroulé sur la voiture. Je l'est fait entrer dans la voiture et cette fille m'a posé la question de savoir comment s'était possible que le petit blanc qu'elle voyait était mon frère et je lui ai demandé de ne pas me poser de question. J ' ai pris les clés d ' Arold et nous sommes rentrés.

Le lundi matin qui a suivi en garant ma voiture au parking du lycée une fille sortait de la voiture d ' a côté et c ' était la fille à qui j ' avais révélée que Arold était mon frère et cette même fille était dans le même établissement que nous , j ' ai subitement en déduit qu'elle allait le raconter à tout le monde si elle ne l'avait pas déjà fait. Mais cette dernière m ' a salué comme si de rien n ' était et a continué son chemin. À la fin des cours je me suis mis à sa recherche pour lui parler mais quand je l'ai trouvé elle discutait avec un groupe de blanc, alors je me suis rapproché et j ' ai demandé si je pouvais lui parler et avant qu ' elle ne puisses répondre ses copines se sont mises à me traiter de sale black que je me prenais pour qui pour vouloir parler avec l' une d'entre elles, que personne ne voulait me parler et que ferais mieux de continuer mon chemin. Je me suis alors retourner et je suis parti en attendant le moment où elle serait seul.

Je n ' avais pas remarqué mais cette fille était populaire et n'était jamais seul, j'ai essayé de l' approcher pendant deux semaines mais impossible de l'approcher on dirait une star de cinéma. Je me suis dit que si je ne pouvais pas aller vers elle c'est elle qui devait venir vers moi, alors j ' ai écrit une lettre anonyme disant que j ' étais son admirateur secret et que je voulais révélé mon identité mais elle a jetée la lettre alors j'ai abandonné. Le lendemain en rentrant des cours après les activités de clubs j' étais sur le point de sortir du parking quand elle est apparu devant ma voiture je me suis garé et elle est monté et m'a demandé de la ramener chez elle qu' elle avait un pneu crevé et ne pouvait pas conduire. J'ai trouvé que c'était l'occasion parfaite pour lui parler alors j'ai accepté et nous nous sommes mis en route. Je suis allé droit au but et je lui est demandé de ne pas parler de ma relation entre Arold et moi et elle a répondu pas de problème et pourquoi elle ferait ça puisqu'il semble que l'ont le cache à tout le lycée .

Nous nous sommes enfin présenté et c'est la que j'ai appris qu'elle s'appelait Alexandra mais que tout le monde au lycée l'appelait Kirra.
Cette fille était plus tôt sympathique et m'a même proposé d'aller manger dans un fast food. Nous avons bavardé et fait connaissance et tout a coup des copines d'Alexandra on débarqué parce qu'elles nous avaient vu de loin et sans rien demandé elle se son mises à m'insulter et Alexandra a pris m'a défense en leur demandant de ne pas insulter son petit ami surtout en sa présence et puis nous sommes partis je l'ai raccompagné chez elles . Il était environ vingt heures et quand elles est sorti de la voiture sont grands frères c'est énervé croyant que j'étais responsable du fait que sa sœur rentre tard des cours mais Alexandra a raconté ce qu'il c' est passé avec sa voiture et il s'est excusé et m'a remercié d'avoir ramené sa sœur et puis suis parti.

Deux semaines plus tard tout se passait bien avec Alexandra et je voulais lui proposer de devenir ma petite amie, alors à la fin des cours suis allé à son club pour faire ma déclaration et je l'ai trouvé en train d'embrasser son ex petit ami. Alor je suis parti sans les interrompre mais sur le chemin du retour je suis tombé sur une copine d'Alexandra, je lui es demandé si elle savait ce ki se passait notre elle et Caleb. Elle a répondu « c'est très simple, elle c'est servi de toi pour rendre Caleb jaloux car ils se sont disputés le jour de la soirée de bienvenue, en plus de ça tu es le garçon qu'il déteste le plus au monde. Tu a été parfait dans ton rôle ». En gros me suis fait avoir comme un débutant. Je suis rentré me coucher j'étais émotionnellement épuisé, je devais me reposer.

Le jour suivant je suis allé voir Alexandra pour lui demander pourquoi elle m'avait utilisé de cette manière et elle a répondu je cite: « pensais tu vraiment que moi l'une des filles les plus populaires de l'établissement pouvait être ton ami, tu es tellement en manque d'affection que tu ne t'es même pas rendu compte que je me servais de toi pour arriver à mes fins. J'y suis alors ne m'adresse plus jamais la parole ». Sans m'en rendre compte je me suis mis à crier sale garce je vais te faire regretter tes actes. Je l'ai fais devant une foule de personnes alors ayant honte je suis parti du lycée et j' ai manqué les cours de la journée.

Vers vingt heures en arrivant à la maisons je trouve des policiers devant la porte en train de discuter avec mon père, inquiet je me suis rapproché pour savoir de il parlait et je me suis fait arrêter et conduit au poste de police ne sachant même pas pourquoi on m'arrêtait, on me m'a même pas lu mes droits. Arrivé au poste de police j'ai trouvé Alexandra et son père, les enquêteurs m'ont expliqué que j'étais accusé d'agression et viol sur la personne de Alexandra MARINO. Des témoins ont affirmé que plus tôt dans la journée j'avais menacé Alexandra. Il n'en fallait pas plus j'ai été placé en cellule,et j'ai même pas eue droit à un avocat, tout ce que les enquêteurs voulaient c'était des aveux. J' étais frappé torturer mais je ne pouvais pas assumer un crime que je n'avais pas commis. Mon père tout aussi puissant que le père d'Alexandra aurait pu payer ma caution pour que je sorte où même prendre ma défense, mais rien, il ne s'était même pas présenté au poste en Une semaine. J ' ai été envoyé endétention provisoire.

Bako est venu me rendre visite, j'étais fier de voir un visage que je connaissais je lui ai donné le numéro d'Iris pour qu'il la contacte et demande de me venir en aide puisque étant en Europe je ne pouvais pas le faire depuis la prison. Il m'a appris que j'avais été renvoyé de l'établissement car ils ne voulaient pas d ' une mauvaise publicité. Chaque matin on me versais de l'eau glacée à la demande de Mr. MARINO. Un matin on m ' a libéré, Mr. WALLAS un avocat qu'Iris avait envoyé m'avait fait sortie de la prison.

J'étais le coupable parfait car je n'avais pas d' alibi, mais j'ai eu le temps de réfléchir et je me suis souvenu que ce jour là j'avais passé toute ma soirée à la bibliothèque et je me rappelais clairement avoir vu une caméra de surveillance. Je me suis rendu au poste de police avec l'avocat et il a demandé à un enquêteur de récupérer la vidéo prise par les caméras de surveillance. Je n'avais pas confiance en eux alors j'ai proposé de les accompagner. Sur les lieux effectivement il y'avait des caméras ils ont dû demander un mandat pour récupérer ces vidéos. Après analyse, ces vidéos on confirme que j'étais effectivement à la bibliothèque au moment des faits selon Alexandra. C'était déjà le weekend et MR. WALLAS m'a demandé de partir qu'il s'occuperait du reste.

A mon retour tout le monde a la maison était étrangement surpris de me voir mais je voulais juste prendre une douche, manger et aller me reposer. J'ai été informé par Mr. WALLAS que les charge retenu contre moi était désormais annulé. Je me suis rendu au lycée le lundi et dès mon arrivée tout le mon me fusillait du regard, ils chuchotaient et puis ils se sont mis à me crier dessus. Alexandra c'est approché de moi et m'a donné une gifle, puis tout le mon s'est mis à m'insulter 'sale violeur' j'ai crié de toutes mes forces que j'avais été disculpé mais ils ne voulaient rien savoir. Pour eux j'étais le monstre et Alexandra la victime. Je ne comprenais même pas pourquoi elle m'avait fait ça le proviseur est arrivé et a demandé à tout le monde d'aller en salle et m'a demandé de partir, que le lycée ne revenait pas sur la décision de mon renvoi.Ils n'ont même pas voulu entendre mes explications et ils m'on mis à la porte. Plus tard, j'ai été la victime de diffamation sur les réseaux par les élèves du lycée et de fil en aiguille l' affaire a été rendue populaire.

Tout le monde adressait des messages de courage à Alexandra tandis que moi je recevais des messages de morts. Cette histoire avait pris une ampleur médiatique au point où mon père m'a mis à la porte car j'étais devenu nuisible pour ses affaires à cause de ce que je traversais. On me mettait de nouveau à la porte.

j'avais trouvé un boulot de caissier dans une supérette et je rentrais souvent très tard. Un soir en rentrant je me suis fait agresssépar un groupe de blanc. Tenant à ma vie j'ai coopéré mais je me suis vite rendu compte qu' il n' en voulait pas à mon argent mais à ma personne. J ' ai tenté de me défendre car j'avais encore quelques notions de judo, mais face à six individus je me suis pris une dérouillée. J'avais la rage même à six contre un j' encaissais les coups, tout d'un coups j'ai suivi un bruit suivi un coup de feu venant de derrière,j' ai ressenti une douleur atroce au niveau du dos,je me suis retourné pour voir d' où ça venait et puis un autres, puis un autre et encore un autres. Je me faisais tirer dessus puis il ont pris la fuite. J'avais reçu quatre balles, une dans le dos et trois au torse. Couché au sol je sentais mon sang coulé et se déverser au sol. Je sentais la mort s'approcher, j' avais plein de regrets moi qui espérais trouver l' amour, me marier, avoir des enfants et les éduquer car j'avais beaucoup appris de mon père et de ma mère. Les aimer comme ma mère et devenir tout le contraire de mon père. Ce n'est qu'à la fin que je constatais à quel point le monde était mauvais. Particulièrement ce pays où les noirs, les arabes et autres ne pouvait pas vivre en paix du fait de leurs couleurs de peau, de leur origines ou de leurs croyances.

J ' espérais juste que ce monde devienne meilleur avec le temps. D'un côté j'étais fier car les enfants que j'aurais pu avoir ne connaîtront jamais ce monde.

Les coups de feu avaient alerté des passants qui on prévenus la police et une ambulance. MUNDO WILLIAMS NORRIS âgé de dix-huit ans décéda sur le chemin de l'Hôpital.

La police grâce aux balles et a l'un des complices du meurtre qui c'est rendu à la police, les cinq autres criminels on été appréhendé et condamné. Ainsi que ALEXANDRA MARINO pour fausse déclaration d'agression et de viol.

Au obsèques de ce dernier, n'était présent qu ' une poignée de personnes: BAKOLA, Mme KITTING, Mr WALLAS, IRIS et le reste de sa famille.

EDERSON NORRIS ne s ' est guère présenté aux obsèques de son fils.

MUNDO fut enterré juste a côté de sa mère car de son vivant il voulait se reposer à côté de sa mère, lui qui était son monde.

Printed by Books on Demand GmbH, Norderstedt / Germany